HECHOS PARA SOBREVIVIR

¡TIBURONES!

DE DIENTES GRANDES CAZADORES FEROCES

Nicola Lopetz
Traducción de Sophia Barba-Heredia

Un libro de El Semillero de Crabtree

CRABTREE
Publishing Company
www.crabtreebooks.com

ÍNDICE

Tiburones, ¡tiburones por todos lados! 4
¿Qué es un tiburón? 8
Cazadores feroces 16
Tiburones de extraña apariencia 20
Glosario 23
Índice analítico 23

TIBURONES, ¡TIBURONES POR TODOS LADOS!

Es posible encontrar tiburones en todos los océanos de la Tierra.

El tiburón sarda puede vivir en ríos de agua dulce y en océanos salados.

¡Los tiburones vivían en los océanos mucho antes de que los dinosaurios rondaran nuestro planeta!

Hay cientos de diferentes tipos de tiburones.

El tiburón ballena es uno de los tiburones más grandes. ¡Puede crecer hasta 40 pies (12 metros) de largo! Este gentil gigante se alimenta de plancton.

El tiburón linterna enano es probablemente el más pequeño de los tiburones. Completamente desarrollado, mide solamente 8 pulgadas (20 cm) de largo.

¿QUÉ ES UN TIBURÓN?

Un tiburón es un pez. Un pez es un animal que vive en el agua y tiene aletas, **branquias** y escamas.

La piel de un tiburón se siente áspera como papel de lija porque sus escamas son como pequeños dientes.

El tiburón tigre tiene marcas rayadas. Estas marcas desaparecen conforme el tiburón tigre va creciendo.

Las aletas de los tiburones son rígidas. Los tiburones usan sus aletas para moverse rápidamente por el agua.

El tiburón mako es uno de los tiburones más rápidos.

aleta dorsal
aleta pélvica
aleta pectoral

La cola de un tiburón es llamada aleta caudal. La aleta caudal se ve diferente en cada **especie** de tiburón.

Los tiburones zorro usan su grande y poderosa aleta caudal para matar **presas**.

La mayoría de los peces tienen un esqueleto hecho de huesos, pero el esqueleto de los tiburones está hecho de **cartílago**.

El esqueleto de cartílago permite al tiburón girar y voltear fácil y rápidamente.

tiburón
puntas negras

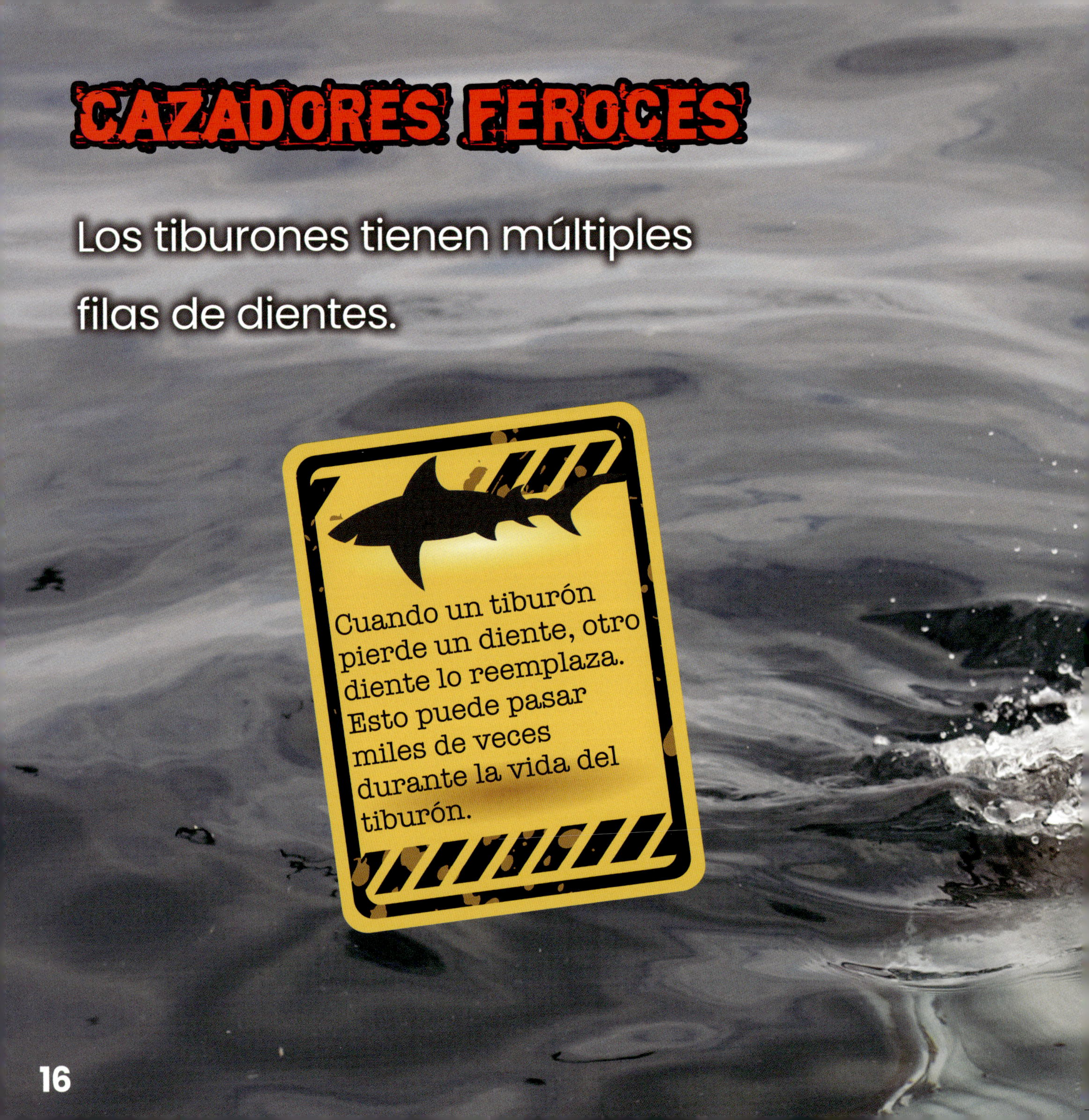

CAZADORES FEROCES

Los tiburones tienen múltiples filas de dientes.

Cuando un tiburón pierde un diente, otro diente lo reemplaza. Esto puede pasar miles de veces durante la vida del tiburón.

Un tiburón blanco puede tener más de 300 dientes triangulares en forma de sierra.

Los tiburones no usan sus fosas nasales para respirar, solo para olfatear. Los tiburones usan su sentido del olfato para encontrar presas.

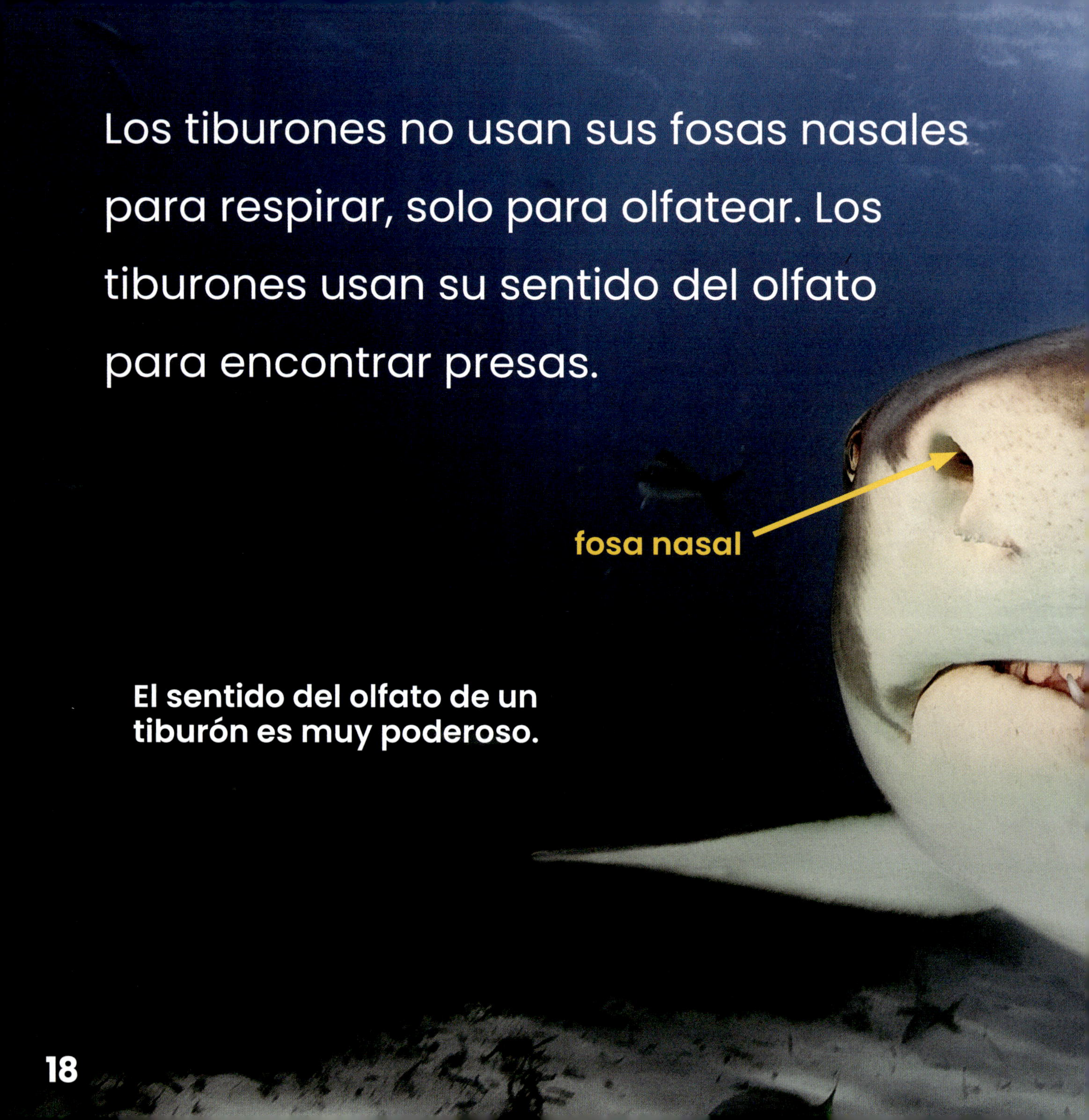

El sentido del olfato de un tiburón es muy poderoso.

Algunos tiburones pueden oler una sola gota de sangre en un millón de gotas de agua en el océano.

TIBURONES DE EXTRAÑA APARIENCIA

Algunos tiburones tienen partes del cuerpo o patrones muy extraños que les ayudan a **sobrevivir**.

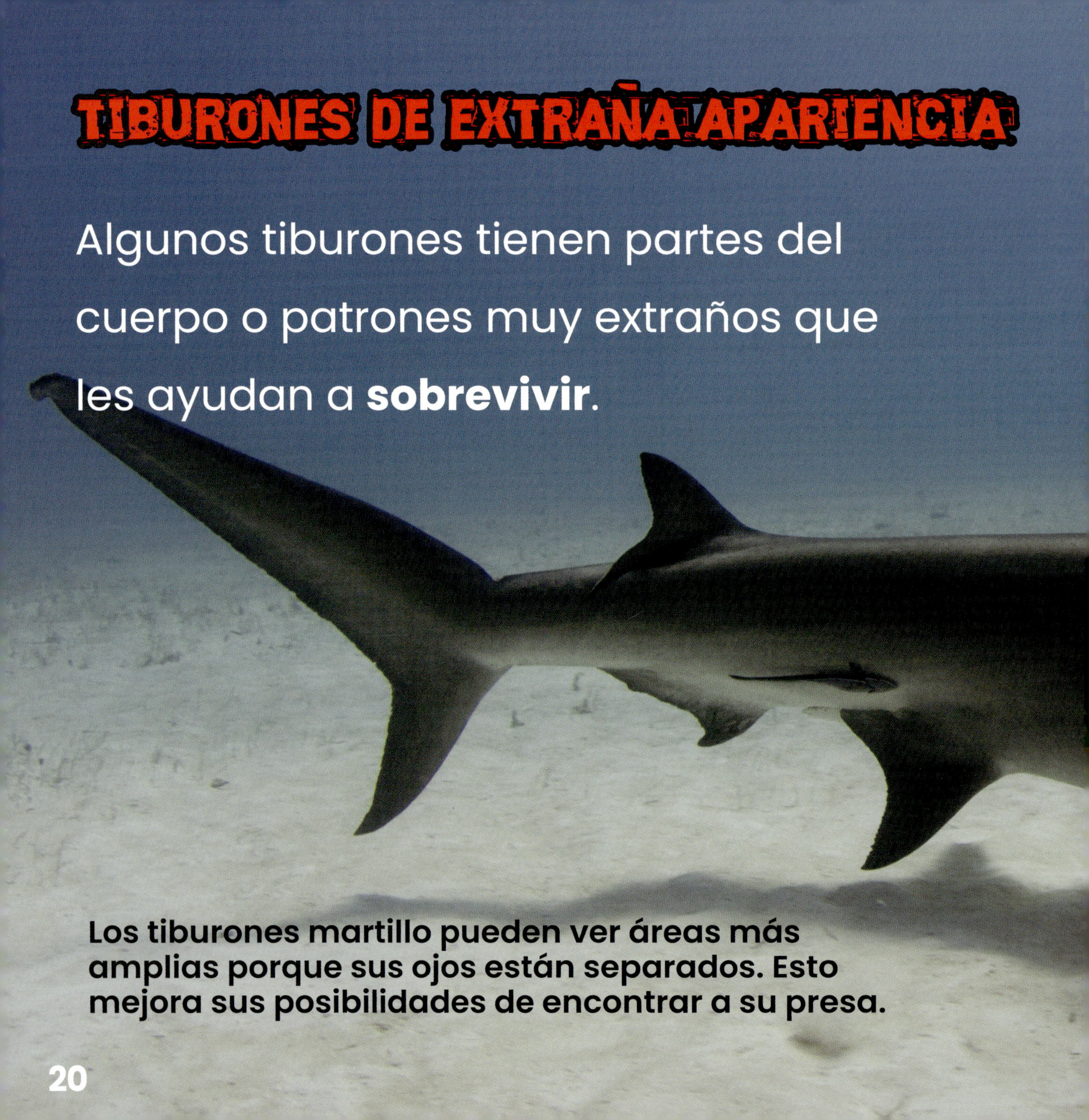

Los tiburones martillo pueden ver áreas más amplias porque sus ojos están separados. Esto mejora sus posibilidades de encontrar a su presa.

Algunos tiburones usan el **camuflaje** para esconderse de la presa hasta estar listos para atacar.

El tiburón alfombra usa el camuflaje para mimetizarse con las rocas, la arena o el coral en el suelo marino.

GLOSARIO

branquias: Órganos a los costados de los peces. Los peces respiran a través de sus branquias.

camuflaje: Patrón o recubrimiento que se mimetiza con el entorno del animal.

cartílago: Tejido fuerte y flexible. Tus orejas están hechas de cartílago.

especie: Cierto tipo de animal en un grupo. El tiburón martillo es una especie dentro del grupo de los tiburones.

presas: Animales que son cazados por otros animales para alimentarse.

sobrevivir: Mantenerse vivo.

ÍNDICE ANALÍTICO

aleta(s): 8, 10-13
branquias: 8
camuflaje: 22
cartílago: 14
cola: 12
diente(s): 8, 16, 17
especie: 12
esqueleto: 14
fosa nasal: 18
olfato: 18
pez, peces: 8, 14
presa(s): 13, 18, 20, 22

Apoyos de la escuela a los hogares para cuidadores y maestros

Este libro ayuda a los niños en su desarrollo al permitirles practicar la lectura. Abajo están algunas preguntas guía para ayudar al lector a fortalecer sus habilidades de comprensión. En rojo hay algunas opciones de respuesta.

Antes de leer:

- **¿De qué pienso que tratará este libro?** *Pienso que este libro es sobre tiburones y sus grandes dientes. Pienso que este libro es sobre tiburones que son cazadores feroces.*
- **¿Qué quiero aprender sobre este tema?** *Quiero aprender cuántas especies diferentes de tiburones hay. Quiero aprender si los tiburones comen personas.*

Durante la lectura:

- **Me pregunto por qué...** *Me pregunto por qué la piel de los tiburones se siente áspera como el papel de lija. Me pregunto por qué el esqueleto de un tiburón está hecho de cartílago en vez de hueso.*
- **¿Qué he aprendido hasta ahora?** *Aprendí que los tiburones tienen múltiples filas de dientes. Aprendí que cuando un tiburón pierde un diente, otro diente crece y lo reemplaza.*

Después de leer:

- **¿Qué detalles aprendí de este tema?** *Aprendí que el tiburón martillo puede ver áreas más amplias porque sus ojos están separados y esto mejora sus posibilidades de encontrar a su presa. Aprendí que algunos tiburones pueden oler la sangre desde una gran distancia.*
- **Anota las palabras que no conozcas y haz preguntas para entender su significado.** *Veo la palabra **branquias** en la página 8 y la palabra **cartílago** en la página 14. Las demás palabras del vocabulario están en la página 23.*

Library and Archives Canada Cataloguing in Publication
Title: ¡Tiburones! : de dientes grandes, cazadores feroces / Nicola Lopetz ; traducción de Sophia Barba-Heredia.
Other titles: Sharks! Spanish
Names: Lopetz, Nicola, author. | Barba-Heredia, Sophia, translator.
Description: Series statement: Hechos para sobrevivir | Translation of: Sharks! | Includes index. | "Un libro de el semillero de Crabtree". | Text in Spanish.
Identifiers: Canadiana (print) 20210249048 |
Canadiana (ebook) 20210249056 |
ISBN 9781039618237 (hardcover) |
ISBN 9781039618299 (softcover) |
ISBN 9781039618350 (HTML) |
ISBN 9781039618411 (EPUB) |
ISBN 9781039618473 (read-along ebook)
Subjects: LCSH: Sharks—Juvenile literature. | LCSH: Animal weapons—Juvenile literature.
Classification: LCC QL638.9 .L6618 2022 | DDC j597.3—dc23

Library of Congress Cataloging-in-Publication Data
Available at the Library of Congress

Crabtree Publishing Company
www.crabtreebooks.com 1–800–387–7650

Published in the United States
Crabtree Publishing
347 Fifth Ave.
Suite 1402-145
New York, NY 10016

Published in Canada
Crabtree Publishing
616 Welland Ave.
St. Catharines, Ontario
L2M 5V6

Written by Nicola Lopetz
Translation to Spanish: Sophia Barba-Heredia
Spanish-language layout and proofread: Base Tres
Print coordinator: Katherine Berti
Printed in the U.S.A./092021/CG20210616

Print book version produced jointly with Blue Door Education in 2022

Photo credits: Cover ©shutterstock.com/ Jim Agronick; page 2-3: istock.com/ VictorHuang, all other images from Shutterstock.com: page 4-5 and back cover © Fiona Ayerst; shark fact box graphic Pedro Nogueira; page 6-7 © kaschibo; page 8-9 © Greg Amptman; page 10-11 © Dray van Beeck; page 12-13 © nicolas.voisin44; page 14-15 © Elsa Hoffmann; page 16-17 © frantisekhojdysz; page 18-19 © Greg Amptman; page 20-21 © Matt9122, inset photo © Matt9122; page 22 © Nazir Erwan Amin